ARBEITSGEMEINSCHAFT FÜR FORSCHUNG
DES LANDES NORDRHEIN-WESTFALEN

76. Sitzung
am 8. Januar 1958
in Düsseldorf

ARBEITSGEMEINSCHAFT FÜR FORSCHUNG
DES LANDES NORDRHEIN-WESTFALEN

HEFT 76a

Harald Cramér

Aus der neueren mathematischen Wahrscheinlichkeitslehre

WESTDEUTSCHER VERLAG · KÖLN UND OPLADEN

ISBN 978-3-322-96113-6 ISBN 978-3-322-96247-8 (eBook)
DOI 10.1007/978-3-322-96247-8
© 1959 Westdeutscher Verlag, Köln und Opladen
Gesamtherstellung Westdeutscher Verlag.

Aus der neueren mathematischen Wahrscheinlichkeitslehre

Von Professor Dr. phil. *Harald Cramér*, Stockholm

Einleitung

Es ist wohl ein charakteristischer Zug der Entwicklung der letzten fünfzig Jahre, daß wir auf den verschiedensten wissenschaftlichen und praktischen Gebieten immer mehr damit rechnen müssen, daß der *Zufall* als wesentliches Element in allen unseren Beobachtungen und Überlegungen hineingreift.

In manchen Fällen haben wir es mit einem komplizierten Zusammenspiel zwischen zufälligen Faktoren und kausal faßbaren Ursachen zu tun. Es entsteht dann das Problem, die zufälligen Faktoren sozusagen herauszupräparieren, sie von der kausalen Ursachenkette zu trennen und ihre Struktur und Eigenschaften näher zu untersuchen. Es handelt sich also darum, die *Wirkungsweise des Zufalls* zu analysieren. Bekanntlich werden wir dabei auf das Studium von *statistisch faßbaren Gesetzmäßigkeiten* hingeführt. Eine solche Untersuchung ist nun eben die Aufgabe der *mathematischen Wahrscheinlichkeitstheorie,* welche in den letzten dreißig Jahren eine gewaltige Entwicklung durchgemacht hat.

Über die philosophischen und mathematischen Grundlagen dieser Theorie sind gelehrte Streite geführt worden. Davon will ich hier gar nicht sprechen, sondern zuerst nur ganz kurz einige wichtige Begriffe der mathematischen Wahrscheinlichkeitstheorie einführen und dann dazu übergehen, etwas näher über einige Klassen von Problemen jener Theorie zu sprechen, die für verschiedene Anwendungen von hoher Bedeutung sind. Es sei ausdrücklich bemerkt, daß die Darstellung nur eine kurze Übersicht von Begriffen und Problemen beabsichtigt, ohne jeden Anspruch auf mathematische Vollständigkeit und Strenge.

Einige Grundbegriffe

In vielen Anwendungen haben wir uns mit irgendeiner reellen Größe x zu beschäftigen, die bei aufeinanderfolgenden Versuchen oder Beobachtungen verschiedene Werte annehmen kann, wobei die einzelnen beobachteten Werte als mehr oder weniger vom Zufall abhängig betrachtet werden. Als Beispiel möge etwa die Lufttemperatur in Düsseldorf um 8 Uhr morgens am 1. Januar gelten. Die Einzelwerte dieser Größe, die wir für eine Reihe von Jahren beobachten, werden unregelmäßige Schwankungen zeigen, die wohl mit guter Berechtigung als zufällig bedingt angesehen werden können.

Durch mathematische Idealisierung von Fällen dieser Art gelangt man zu dem grundlegenden Begriff einer stochastischen Veränderlichen. Ohne hier auf strenge abstrakt-mathematische Definitionen und Axiome einzugehen, wollen wir uns damit begnügen, folgendes zu sagen: Die veränderliche Größe x wird als eine *zufällige* oder *stochastische Veränderliche* bezeichnet, wenn für jedes reelle, endliche oder unendliche Intervall $a < x \leq b$ das Ereignis, daß x bei einmaliger Beobachtung einen Wert in diesem Intervall annimmt, eine bestimmte Wahrscheinlichkeit hat. Diese Wahrscheinlichkeit bezeichnen wir durch das Symbol
$$P(a < x \leq b).$$
Da definitionsgemäß jede Wahrscheinlichkeit einen Wert zwischen Null und Eins (Grenzen einschließlich) hat, gilt immer
$$0 \leq P(a < x \leq b) \leq 1.$$
Wenn wir insbesondere für jedes reelle z
$$F(z) = P(x \leq z)$$
schreiben, so haben wir offenbar
$$P(a < x \leq b) = F(b) - F(a).$$
Wenn also die Funktion F(z) für alle reelle z bekannt ist, so ist hierdurch die Wahrscheinlichkeit $P(a < x \leq b)$ für jedes Intervall (a, b) bestimmt. Die Funktion F(z) wird darum als die *Verteilungsfunktion* der stochastischen Veränderlichen x bezeichnet, und wir sagen, daß diese Funktion die *Wahrscheinlichkeitsverteilung* von x bestimmt. Offenbar ist F(z) als Funktion von z nirgends abnehmend, und es gilt
$$F(-\infty) = 0, \quad F(+\infty) = 1.$$
Anschaulich kann man sich die Wahrscheinlichkeitsverteilung von x als eine Verteilung einer Einheit von Masse über die reelle Achse vorstellen, wobei jedes Intervall $a < x \leq b$ die Masse $P(a < x \leq b)$ trägt. Die Masse kann

dabei, je nach den Umständen des einzelnen Falles, in gewissen diskreten Punkten konzentriert oder stetig über die Achse ausgebreitet sein. Wenn im letzteren Falle sogar die Ableitung F'(z) existiert, so heißt F'(z) die *Frequenzfunktion* oder die *Wahrscheinlichkeitsdichte* der Verteilung, und man sagt dann, daß die Wahrscheinlichkeit F'(z) dz dafür besteht, daß die Veränderliche x einen Wert in dem infinitesimalen Intervall $z < x \leq z + dz$ annimmt.

Wenn x eine stochastische Veränderliche ist, und das Stieltjessche Integral

$$E\,x = \int_{-\infty}^{\infty} z\,dF(z)$$

einen endlichen Wert hat, so bezeichnet man diesen Wert als die *mathematische Erwartung* oder den *Mittelwert* von x. Wenn die Ableitung F'(z) für jedes z existiert, so kann E x auch durch das gewöhnliche Integral

$$E\,x = \int_{-\infty}^{\infty} z\,F'(z)\,dz$$

dargestellt werden.

Der Mittelwert irgendeiner Funktion g(x) von x ist unter entsprechenden Bedingungen

$$E\,g(x) = \int_{-\infty}^{\infty} g(z)\,dF(z) = \int_{-\infty}^{\infty} g(z)\,F'(z)\,dz.$$

Insbesondere heißt der Mittelwert $E\,x^n$ das n-te *Moment* der Verteilung. Wir wollen im Folgenden immer annehmen, daß das zweite Moment $E\,x^2$ für jede auftretende Verteilung endlich ist. Man pflegt dann oft die Bezeichnungen

$$E\,x = m, \qquad E\,(x-m)^2 = \sigma^2$$

zu benutzen, wobei die nicht-negative Größe σ^2 als die *Streuung* von x bekannt ist.

Der Mittelwert der speziellen komplexwertigen Funktion e^{iux}:

$$\varphi(u) = E\,e^{iux} = \int_{-\infty}^{\infty} e^{iuz}\,dF(z),$$

wo u eine reelle Hilfsgröße ist, heißt die *charakteristische Funktion* der Verteilung. Diese Funktion, die immer einen endlichen Wert hat, spielt eine wichtige Rolle bei vielen theoretischen Untersuchungen. Insbesondere läßt sich leicht zeigen, daß die Kenntnis von $\varphi(u)$ für alle reellen u die Verteilung von x eindeutig bestimmt.

Eine für Theorie und Anwendungen wichtige spezielle Verteilung ist die sogenannte *Normalverteilung,* wo die Wahrscheinlichkeitsdichte durch den Ausdruck

$$F'(z) = \frac{1}{\sigma\sqrt{2\pi}} e - \frac{(z-m)^2}{2\sigma^2}$$

gegeben ist. Die beiden hier auftretenden konstanten Parameter m und σ^2 haben dieselbe Bedeutung wie oben, als Mittelwert und Streuung der betr. stochastischen Veränderlichen. Die charakteristische Funktion dieser Verteilung ist

$$\varphi(u) = e^{miu} - \tfrac{1}{2}\sigma^2 u^2.$$

Wenn man gleichzeitig eine beliebige endliche Anzahl von stochastischen Veränderlichen $x_1, x_2, \ldots, x_n$ betrachtet, so gelangt man durch direkte Verallgemeinerung zu dem Begriff einer *mehrdimensionalen* Verteilung. In genau entsprechender Weise wie in dem eindimensionalen Fall kann eine solche Verteilung anschaulich durch die Verteilung einer Einheit von Masse über den Raum mit den Koordinaten $x_1, \ldots, x_n$ interpretiert werden. Die Masse kann wieder in einzelnen diskreten Punkten konzentriert oder stetig ausgebreitet sein. Die Begriffe der Verteilungsfunktion, der Wahrscheinlichkeitsdichte usw. werden in natürlicher Weise verallgemeinert. Wenn die beiden Veränderlichen x_1 und x_2 die Mittelwerte m_1 und m_2 sowie die Streuungen σ_1^2 und σ_2^2 haben, so ist die Größe

$$r = \frac{1}{\sigma_1 \sigma_2} E\left(x_1 - m_1\right)\left(x_2 - m_2\right)$$

der bekannte *Korrelationskoeffizient* von x_1 und x_2.

Zwei stochastische Veränderliche x_1 und x_2 heißen *unabhängig,* wenn die sog. Multiplikationsregel der Wahrscheinlichkeitsrechnung

$$P\left(a_1 < x_1 \leqq b_1,\ a_2 < x_2 \leqq b_2\right) = P\left(a_1 < x_1 \leqq b_1\right) P\left(a_2 < x_2 \leqq b_2\right)$$

für beliebige Intervalle (a_1, b_1) und (a_2, b_2) gilt. Für mehr als zwei Veränderliche wird die Unabhängigkeit in ähnlicher Weise definiert. Ein schwächerer Begriff als die Unabhängigkeit ist die *Unkorreliertheit:* zwei Veränderliche x_1 und x_2 heißen unkorreliert, wenn ihr oben definierter Korrelationskoeffizient Null ist. Zwei unabhängige Veränderliche sind immer unkorreliert, aber die Umkehrung dieses Satzes gilt nicht. Unkorrelierte Veränderliche werden, unter Berufung auf geometrische Analogien, oft auch als *orthogonal* bezeichnet.

Wenn zwei unabhängige Veränderliche x_1 und x_2 addiert werden, so sieht man leicht, daß die Summe $x_1 + x_2$ den Mittelwert $m_1 + m_2$ bzw. die Streuung $\sigma^2_1 + \sigma^2_2$ hat; Mittelwerte und Streuungen werden also addiert. Ein wichtiger Satz besagt nun, daß die charakteristischen Funktionen hierbei *multipliziert* werden: die Summe $x_1 + x_2$ hat also die charakteristische Funktion $\varphi_1(u)\varphi_2(u)$. Sind x_1 und x_2 insbesondere normalverteilt, so folgt dann aus dem oben gegebenen Ausdruck für die charakteristische Funktion der Normalverteilung die wichtige Eigenschaft, daß auch die Summe $x_1 + x_2$ normalverteilt ist.

Wir werden im Folgenden oft *komplexwertige* stochastische Veränderliche betrachten. Wenn x_1 und x_2 reelle stochastische Veränderliche sind, so wird die Wahrscheinlichkeitsverteilung der komplexen Veränderlichen $x_1 + ix_2$ einfach mit der zweidimensionalen Verteilung der beiden simultan betrachteten Veränderlichen x_1 und x_2 identifiziert.

Stochastische Prozesse

In den Problemen der klassischen Wahrscheinlichkeitstheorie war es im allgemeinen möglich, sich auf die Betrachtung einer *endlichen* (wenn auch in gewissen Problemen sehr großen) Anzahl von stochastischen Veränderlichen zu beschränken und dementsprechend die Theorie der endlichdimensionalen Verteilungen als mathematisches Instrument zu benutzen. In neueren Anwendungen treten aber viele wichtige Probleme auf, wo es prinzipiell notwendig ist, Wahrscheinlichkeitsbeziehungen in *unendlichen* Mengen von stochastischen Veränderlichen zu untersuchen. Um Probleme dieser Art angreifen zu können, müssen die Rahmen der klassischen Verteilungstheorie in zweckmäßiger Weise erweitert werden.

Die Mehrzahl jener Probleme steht mit der Lehre von den sogenannten *stochastischen Prozessen* in naher Verbindung. Als stochastischen Prozeß bezeichnen wir jeden Vorgang in der Natur, der sich in der Zeit entwickelt, und dabei fortwährend von zufälligen Faktoren beeinflußt wird. Die Definition kann auch allgemeiner gefaßt werden, aber die hier gegebene wird für unseren jetzigen Zweck genügen. Eine große Zahl von Beispielen kann man in Wissenschaften wie Physik, Meteorologie, Ökonomie u. a. finden.

Betrachten wir zuerst einen solchen Vorgang, wo irgendeine zufällig veränderliche Größe bei äquidistanten Zeitpunkten beobachtet wird. Dieser Fall liegt ja z. B. bei vielen meteorologischen und ökonomischen Beobachtungen vor, und unser stochastischer Prozeß nimmt dann die Form einer *statistischen Zeitreihe* an. Betrachten wir z. B. eine beiderseitig unendliche Reihe von äquidistanten Zeitpunkten $t = nh$, wo $n = 0, \pm 1, \pm 2, \ldots$ ist. Zu jedem Zeitpunkt nh gehöre ein beobachteter Wert x_n^* einer stochastischen Veränderlichen x_n. Die unendliche Folge der beobachteten Einzelwerte x_n^* stellt dann eine statistische Zeitreihe dar, welche durch den Punkt $(\ldots, x_{-1}^*, x_0^*, x_1^*, \ldots)$ im Raum der abzählbar unendlich vielen Koordinaten x_n eindeutig gegeben ist. Um die wahrscheinlichkeitstheoretischen Eigenschaften solcher Reihen in hinreichender Allgemeinheit studieren zu können, wird es nun notwendig, den Begriff einer Wahrscheinlichkeitsverteilung in diesem unendlichdimensionalen Raum einzuführen.

Jede endliche Gruppe unter den x_n, sagen wir $x_{n_1}, \ldots, x_{n_k}$, stellt eine endliche Gruppe von stochastischen Veränderlichen dar, und wir wollen voraussetzen, daß die (endlichdimensionale) Wahrscheinlichkeitsverteilung dieser Veränderlichen bekannt ist. Die Verteilungen, die in dieser Weise allen möglichen endlichen Gruppen unter den x_n zugeordnet sind, bilden die *Familie F der endlichdimensionalen Verteilungen* der unendlichen Folge der x_n. Die verschiedenen Mitglieder dieser Familie müssen unter sich gewissen sehr einfachen Konsistenzbedingungen genügen. Ein berühmter Satz von Kolmogoroff besagt nun, daß, sobald diese Konsistenzbedingungen befriedigt sind, die Familie F eindeutig eine Wahrscheinlichkeitsverteilung im unendlichdimensionalen Raum der x_n definiert. Diese ist die Verteilung der unendlich vielen Veränderlichen x_n, und man kann nun in voller Strenge von den Wahrscheinlichkeiten verschiedener infinitärer Eigenschaften der Folge der x_n sprechen. Beispielsweise ist die Wahrscheinlichkeit daß $x_n > 0$ für unendlich viele n ausfällt, immer genau bestimmt, und ebenso die Wahrscheinlichkeit, daß die Folge $x_1, x_2, \ldots$ konvergiert, usw.

Wir wollen nun einen Schritt weiter gehen, und einen stochastischen Prozeß mit *stetig veränderlicher Zeit* betrachten. Es sei dann irgendein Vorgang gegeben, dessen Zustand nicht nur bei äquidistanten Zeitpunkten, sondern sogar fortlaufend bei stetig veränderlicher Zeit beobachtet wird. Zu jedem Zeitpunkt t gehört dann eine stochastische Veränderliche $x(t)$, und eine beobachtete individuelle „Realisation" des stochastischen Prozesses nimmt die Form einer Funktionskurve $y = x^*(t)$, wie sie z. B. von irgendeinem physikalischen Meßinstrument mit kontinuierlicher Registrierung gezeichnet wird. Jeder Einzelwert x*(t₀), den diese Funktion für t = t₀ annimmt, ist dann als ein beobachteter Wert der stochastischen Veränderlichen x(t₀) anzusehen.

Wie im vorigen Falle können wir nun irgendeine endliche Gruppe von Zeitpunkten $t_1, \ldots, t_k$, sowie die entsprechenden stochastischen Veränderlichen $x(t_1), \ldots, x(t_k)$ betrachten. Wir wollen wieder voraussetzen, daß die endlichdimensionale Verteilung jeder solchen Gruppe bekannt ist, und daß die einfachen notwendigen Konsistenzbedingungen befriedigt sind. Der Satz von Kolmogoroff gilt nun auch in diesem Falle, und zwar in dem Sinne, daß die Familie aller endlichdimensionalen Verteilungen der $x(t_i)$ eindeutig eine Verteilung im unendlichdimensionalen Raum der Zeitfunktionen $x(t)$ definiert.

Die Verhältnisse liegen aber hier etwas komplizierter als im vorigen Falle. Ein „Punkt" $x(t)$ im Funktionenraum hat nämlich als „Koordinaten" alle diejenigen Werte, welche die Funktion $x(t)$ für verschiedene Werte von t annimmt. Um einen Punkt des Raumes eindeutig zu bestimmen, brauchen wir also hier eine *nicht abzählbare* Menge von Koordinaten, und die Dimensionszahl des Raumes ist folglich nicht abzählbar. Es zeigt sich auch, daß es im allgemeinen nicht möglich ist, über die Eigenschaften der „zufälligen Funktion" $x(t)$ ebenso bestimmte Wahrscheinlichkeitsaussagen zu machen, wie im vorigen Falle über die Folge der x_n. Die Wahrscheinlichkeiten vieler interessanten Eigenschaften von $x(t)$ lassen sich nämlich nicht durch die soeben genannte Verteilung berechnen. Wenn wir z. B. nach der Wahrscheinlichkeit fragen, daß $x(t) > 0$ für wenigstens einen Wert von t ausfällt, so kann diese Frage im allgemeinen nicht ohne weitere Voraussetzungen beantwortet werden, weil die betreffende Wahrscheinlichkeit nicht durch die gegebenen endlichdimensionalen Verteilungen bestimmt ist.

Bei gewissen einfachen Typen von stochastischen Prozessen, die für verschiedene Anwendungen wichtig sind, ist es aber möglich, die soeben angedeuteten Schwierigkeiten in einfacher Weise zu überwinden. In diesen Fällen ist es nämlich erlaubt, sich von vornherein auf die Berücksichtigung gewisser Klassen von Funktionen $x(t)$ zu beschränken, welche hinreichend einfache Eigenschaften haben, um eine strenge Berechnung der gesuchten Wahrscheinlichkeiten zu ermöglichen. Es sei z. B. die soeben genannte Wahrscheinlichkeit dafür gesucht, daß $x(t) > 0$ für wenigstens einen Wert von t ausfällt. Im allgemeinen Falle stößt man, wie wir schon hervorgehoben haben, hier auf Schwierigkeiten, die mit der Definition der gesuchten Wahrscheinlichkeit zu tun haben. Wenn man aber von vornherein weiß, daß die Eigenschaften des betrachteten Prozesses es erlauben, sich a priori auf die Berücksichtigung *stetiger* Funktionen x(t) zu beschränken, so kann man sich offenbar damit begnügen, die Wahrscheinlichkeit von x(t) > 0 für wenigstens ein *rationales* t zu berechnen. Bei dieser Form der Fragestellung treten aber nur abzählbar viele stochastische Veränderliche auf, und die gesuchte Wahrscheinlichkeit läßt sich daher wenigstens prinzipiell bestimmen ohne Auftreten derjenigen Schwierigkeiten, die mit der nicht-abzählbaren Dimensionszahl zusammenhängen. Dasselbe gilt in dem allgemeineren Fall, wo man sich zwar nicht auf die Betrachtung nur stetiger Funktionen beschränken kann, aber doch voraussetzen darf, daß nur Unstetigkeiten hinreichend einfacher Art auftreten können. – Das hier Gesagte gilt natürlich nur für die rein prinzipielle Definition der betreffenden Wahrscheinlichkeitsgrößen. Die wirkliche Durchführung der Berechnung in einem gegebenen Falle braucht dagegen keineswegs eine einfache Aufgabe zu sein.

Im Folgenden werden wir einige spezielle Beispiele wichtiger stochastischer Prozesse etwas näher betrachten. Die Wahrscheinlichkeitsgrößen, die in Verbindung mit diesen Beispielen auftreten, können alle in der soeben angedeuteten Weise streng definiert werden, und wir brauchen deshalb nicht weiter auf Definitionsfragen einzugehen.

Der Wiener-Prozeß

Betrachten wir zuerst einen reellen stochastischen Prozeß, der im Zeitpunkt t = 0 seinen Anfang nimmt und sich weiter bei stetig veränderlicher Zeit entwickelt. Zur Vereinfachung setzen wir voraus, daß identisch x(0) = 0 ist, während x(t) diejenige stochastische Veränderliche bezeichnet, die den Zustand des Prozesses in einem beliebigen Zeitpunkt t > 0 angibt.

Wir machen jetzt die grundlegende Annahme, daß die beiden Inkremente

$$\Delta_1 x(t) = x(t_1 + h_1) - x(t_1)$$

und

$$\Delta_2 x(t) = x(t_2 + h_2) - x(t_2)$$

immer *unabhängige* stochastische Veränderliche sind, sobald $(t_1, t_1 + h_1)$ und $(t_2, t_2 + h_2)$ punktfremde Intervalle sind. Einen Prozeß, der diese Bedingung erfüllt, nennen wir einen stochastischen Prozeß *mit unabhängigen Inkrementen*.

Das einfachste Beispiel eines solchen Prozesses ist der sogenannte *Wiener-Prozeß*, welcher dadurch charakterisiert ist, daß jedes x(t) normalverteilt ist, und zwar so, daß die Wahrscheinlichkeitsdichte der stochastischen Veränderlichen x(t) durch den Ausdruck

$$\frac{1}{\sigma \sqrt{2\pi t}} e^{-\frac{z^2}{2\sigma^2 t}}$$

gegeben ist, wo σ eine positive Konstante bezeichnet. Der Mittelwert von x(t) ist also gleich Null, während die Streuung σ²t beträgt. Die entsprechende charakteristische Funktion ist

$$E\, e^{iux(t)} = e^{-\frac{1}{2}\sigma^2 t u^2}.$$

Das Inkrement x(t + h) — x(t) hat dann die Wahrscheinlichkeitsdichte

$$\frac{1}{\sigma \sqrt{2\pi h}} e^{-\frac{z^2}{2\sigma^2 h}}.$$

Dieser Prozeß hat Bedeutung für das Studium der Brownschen Molekularbewegung. Wenn nämlich x(t) als die Abszisse zur Zeit t eines in dieser Art von Bewegung begriffenen Partikels interpretiert wird, so können die statistischen Eigenschaften der Bewegung mit einer gewissen Annäherung mit Hilfe der wahrscheinlichkeitstheoretischen Annahmen des Wiener-Prozesses beschrieben werden.

Wenn wir in diesem Falle imstande wären, den genauen Verlauf der Funktion x(t) für einen einzelnen beobachteten Partikel zu verfolgen, so würden wir eine individuelle „Realisation" des stochastischen Prozesses in der Form einer Funktionskurve y = x*(t) vor uns haben. Jeder einzelne Funktionswert x*(t_0) wäre dann, wie wir schon oben gesehen haben, als ein beobachteter Wert der stochastischen Veränderlichen x(t_0) anzusehen. Für den Wiener-Prozeß läßt sich nun die wichtige Tatsache beweisen, daß die Wahrscheinlichkeit Eins – praktisch gesprochen also Gewißheit – dafür besteht, daß die Funktion x*(t) *überall stetig* ist. Wir haben also hier einen Fall von der Art, die wir schon im vorigen Abschnitt kurz besprochen haben. – Trotzdem hat aber die Funktion x*(t) im allgemeinen einen sehr irregulären Verlauf; so kann man z. B. zeigen, daß x*(t) mit der Wahrscheinlichkeit Eins nirgends differenzierbar ist.

Über die Bewegung eines diffundierenden Partikels mit der Abszisse x(t) kann man nun verschiedene Wahrscheinlichkeitsfragen aufwerfen. Wir können z. B. nach der Wahrscheinlichkeit dafür fragen, daß die Abszisse x(t) des

Partikels, von der Anfangslage x(0) = 0 ausgehend, wenigstens einmal in einem gegebenen Zeitintervall oberhalb einer gegebenen positiven Größe a fallen wird. Es handelt sich dann also um die Berechnung einer Wahrscheinlichkeit, die durch das Symbol

$$P\left(x(t) > a \text{ für wenigstens ein t mit } 0 < t < T\right)$$

zu bezeichnen ist, wo a und T gegebene positive Konstanten bedeuten. Durch Benutzung der Symmetrieeigenschaften der normalen Verteilung kann man nun ohne Schwierigkeit zeigen, daß diese Wahrscheinlichkeit genau das doppelte der Wahrscheinlichkeit beträgt, daß x(t) > a in dem speziellen Zeitpunkt t = T ausfällt. Die gesuchte Wahrscheinlichkeit hat also den Wert

$$2P\left(x(T) > a\right) = \frac{2}{\sigma \sqrt{2\pi T}} \int_a^\infty -\frac{z^2}{2\sigma^2 T} \, dz.$$

Man kann auch viele weitere ähnliche Fragen stellen, die teilweise von Interesse für die Diffusionstheorie sind. Wir wollen hier nur noch die folgende Frage kurz erwähnen, da sie in naher Verbindung mit einer Aufgabe steht, die uns im folgenden Abschnitt beschäftigen wird. Es seien a und b gegebene positive Konstanten. Wir suchen die Wahrscheinlichkeit, daß, bei unbegrenzt fortgesetzter Bewegung, die Kurve y = x(t) wenigstens einmal die Gerade y = a + bt schneiden wird. Diese Wahrscheinlichkeit läßt sich durch verschiedene Methoden berechnen, und die Antwort der Frage ist

$$P\left(x(t) > a + bt \text{ für wenigstens ein } t > 0\right) = e^{-\frac{2ab}{\sigma^2}}.$$

Alle obigen Betrachtungen können auf den Fall mehrerer Dimensionen verallgemeinert werden, so daß man insbesondere die ganze dreidimensionale Bewegung eines diffundierenden Partikels studieren kann. Endlich bemerken wir, daß der Wiener-Prozeß nur der einfachste Fall einer großen Klasse von Prozessen – die im allgemeinen nicht der Klasse mit unabhängigen Inkrementen angehören – welche auf das Studium verschiedener Diffusionsprozesse Anwendung finden.

Der Poisson-Prozeß und seine Verallgemeinerung

Auch in diesem Abschnitt werden wir uns ausschließlich mit Prozessen mit unabhängigen Inkrementen beschäftigen. Wir wenden uns aber jetzt zu einem ganz verschiedenen Typus von solchen Prozessen, bei denen *unstetige* Funktionen x(t) eine Hauptrolle spielen. Das einfachste Beispiel solcher Prozesse ist der sogenannte *Poisson-Prozeß*.

Für unsere Erörterung des Poisson-Prozesses gehen wir von einer der wichtigsten Anwendungen aus, wo dieser Prozeß auftritt. Wir betrachten eine Telephonlinie zwischen zwei Städten und nehmen an, daß die Anrufe auf dieser Linie rein zufallsmäßig verteilt sind. Damit wird gemeint, daß die Wahrscheinlichkeit eines Anrufes in einem kleinen Zeitelement dt gleich λdt ist, wo λ eine gegebene Konstante bedeutet, und daß diese Wahrscheinlichkeit unabhängig von der Zahl und der Verteilung aller vorhergehenden Anrufe ist. Wenn dann x(t) die Gesamtzahl der Anrufe im Zeitintervall (0, t) bezeichnet, so sieht man leicht ein, daß x(t) einen stochastischen Prozeß mit unabhängigen Inkrementen definiert. Es läßt sich nun ohne Schwierigkeit beweisen, daß die stochastische Veränderliche x(t) für jedes feste t eine sogenannte Poissonsche Verteilung hat. Offenbar kann nämlich x(t) überhaupt nur nicht-negative ganzzahlige Werte annehmen, und die Wahrscheinlichkeit, daß x(t) einen gegebenen ganzzahligen Wert n annimmt, ist durch den Poissonschen Ausdruck

$$P\left(x(t) = n\right) = \frac{(\lambda t)^n}{n!} e^{-\lambda t}$$

mit dem Parameter λt gegeben. Für das Inkrement x(t + h) — x(t) haben wir ebenfalls eine Poissonsche Verteilung, mit dem Parameter λh.

Der typische Verlauf einer Funktion x(t) bei diesem Prozeß ist gänzlich verschieden von dem entsprechenden Verlauf beim Wiener-Prozeß. In jedem Zeitpunkt t, wo ein Anruf stattfindet, hat die Kurve y = x(t) einen Sprung vom Betrage Eins, und zwischen zwei aufeinanderfolgenden Sprüngen ist x(t) konstant. Das Auftreten unstetiger Funktionen erscheint also hier als von der Eigenart des Prozesses wesentlich bedingt, aber die zu berücksichtigenden Unstetigkeiten sind von der allereinfachsten Art, nämlich nur einfache Sprünge.

Außer in dem schon erwähnten Beispiel der Telephontechnik tritt der einfache Poisson-Prozeß auch in vielen anderen Anwendungen auf, z. B. beim Studium der Automobiltrafik, des radioaktiven Zerfalls von Atomen, usw.

Wir wollen nun den Poisson-Prozeß dadurch verallgemeinern, daß wir nicht nur Sprünge von dem konstanten Betrag Eins zulassen, sondern *die Höhe jedes Sprunges von x(t) als eine stochastische Veränderliche y betrachten*, mit einer gegebenen Verteilungsfunktion F(z). Die Wahrscheinlichkeit, daß im Zeitelement dt ein Sprung stattfindet, sei gleich dt, indem wir der Einfachheit wegen $\lambda = 1$ nehmen. Wenn im Zeitpunkt t ein Sprung stattfindet, so haben wir mit der Wahrscheinlichkeit F(z) zu erwarten, daß die Höhe y des Sprunges $\leq z$ ausfällt. Wir nehmen an, daß F(z) sowohl von t, wie auch von der Anzahl und den Höhen aller vorhergehenden Sprünge von x(t), unabhängig ist. Die Mittelwerte von y und y^2 seien

$$Ey = m, \qquad Ey^2 = s^2.$$

Die Wahrscheinlichkeit, daß im Zeitintervall (0, t) genau n Sprünge stattfinden, ist wieder durch den Poissonschen Ausdruck

$$\frac{t^n}{n!} e^{-t}$$

gegeben. Wenn $y_1, \ldots, y_n$ die Höhen dieser n Sprünge bezeichnen, so ist der Wert von x(t) unmittelbar nach dem letzten Sprunge gleich der Summe $y_1 + \ldots + y_n$. Die y_r sind aber unabhängige stochastische Veränderliche, jede mit der gegebenen Verteilungsfunktion F(z). Die Summe $x(t) = y_1 + \ldots + y_n$ hat dann unter der Voraussetzung, daß genau n Sprünge vorhanden sind, die Verteilungsfunktion

$$P\left(x(t) \leq z\right) = F_n(z),$$

wo $F_n(z)$ durch die Kette der Beziehungen

$$F_1(z) = F(z),$$

$$F_2(z) = \int_{-\infty}^{\infty} F_1(z-u) \, dF(u),$$

$$\ldots \ldots \ldots \ldots \ldots \ldots \ldots \ldots \ldots$$

$$F_n(z) = \int_{-\infty}^{\infty} F_{n-1}(z-u) \, dF(u),$$

gegeben ist. Wir nennen dann $F_n(z)$ die *n-fache Faltung von F(z) mit sich selbst*. Da nun die Zahl n der Sprünge im Zeitintervall (0, t) alle nicht-negativen ganzzahligen Werte annehmen kann, wo die Wahrscheinlichkeiten der verschiedenen möglichen Werte durch den Poissonschen Ausdruck gegeben sind, so bekommen wir für die Verteilungsfunktion von x(t) den Ausdruck

$$F(z,t) = P\left(x(t) \leq z\right) = \sum_{0}^{\infty} \frac{t^n}{n!} e^{-t} F_n(z).$$

Hieraus läßt sich nun leicht folgern, daß der Mittelwert und die Streuung von x(t) durch

$$E\,x(t) = mt, \qquad E\left(x(t) - mt\right)^2 = s^2 t$$

gegeben sind. Die entsprechende charakteristische Funktion ist

$$E\,e^{iux(t)} = e^{t(\varphi(u) - 1)},$$

wo

$$\varphi(u) = \int_{-\infty}^{\infty} e^{iuz}\,dF(z)$$

die charakteristische Funktion von F(z) ist. Durch Untersuchung der charakteristischen Funktion von x(t) kann man beweisen, daß die „normierte" stochastische Veränderliche

$$\frac{x(t) - mt}{\sqrt{s^2 t}}$$

für große t *asymptotisch normalverteilt* ist: die Wahrscheinlichkeit

$$P\left(\frac{x(t) - mt}{\sqrt{s^2 t}} \leq z\right) = P\left(x(t) \leq mt + z\sqrt{s^2 t}\right)$$

strebt für jedes feste z bei unendlich wachsendem t gegen den Grenzwert

$$\frac{1}{\sqrt{2\pi}} \int_{-\infty}^{z} e^{-\frac{u^2}{2}}\,du.$$

Der so verallgemeinerte Poissonprozeß tritt in gewissen Anwendungen auf. Dies ist z. B. der Fall in der versicherungsmathematischen Risikotheorie. Um diese Anwendungen zu erläutern, betrachten wir hier nur einen ganz einfachen Fall. Es sei ein Versicherungsbestand gegeben, den wir rein kollektiv betrachten, ohne uns mit den einzelnen Versicherungen zu beschäftigen. Wir nehmen an, daß in jedem Zeitelement dt die Wahrscheinlichkeit λdt dafür besteht, daß während des Zeitelementes ein Versicherungsfall (Todesfall, Unfall, Feuer usw., je nach der Art des betrachteten Bestandes) eintritt. Wir nehmen weiter an, daß die verschiedenen Zeitelemente in demselben Sinne wie oben unabhängig sind. Durch geeignete Wahl der Zeiteinheit können wir dann immer erreichen, daß $\lambda = 1$ wird, und die Wahrscheinlichkeit, daß im Zeitintervall (0, t) genau n Versicherungsfälle eintreffen, ist dann wie oben durch den Poissonschen Ausdruck gegeben.

Bei jedem Versicherungsfall muß nun ein gewisser Betrag y von der Versicherungsgesellschaft ausgezahlt werden, dessen Größe von den Bedingungen der betroffenen Versicherung abhängig ist. Wir wollen y als eine stochastische Veränderliche ansehen, und bezeichnen die zugehörige Verteilungsfunktion durch F(z). Wenn endlich x(t) den Gesamtbetrag der Auszahlungen während des Zeitintervalles (0, t) bezeichnet, so ist offenbar x(t) eine stochastische Veränderliche, die zu einem verallgemeinerten Poisson-Prozeß gehört, und alle oben für diesen Prozeß angegebenen Formeln gelten für x(t). Insbesondere zeigt sich also, daß x(t) für große t approximativ normalverteilt ist. Die für die Praxis bedeutsame Aufgabe, die Wahrscheinlichkeit dafür zu berechnen, daß x(t) für festes t zwischen gegebenen Grenzen fällt, wird hierdurch wesentlich erleichtert.

Nach den obigen Formeln ist der Mittelwert von x(t) gleich mt. Wenn also die Versicherungsgesellschaft in jedem Zeitelement dt die *Nettorisikoprämie* m dt von dem Versicherungsbestande empfängt, so wird der Gesamtgewinn der Gesellschaft im Zeitintervall (0, t), sofern wir nur Nettorisikoprämie und Auszahlungen für Versicherungsfälle in Rechnung ziehen, gleich
$$mt - x(t),$$
und der Mittelwert dieses Gewinnes ist
$$E\left(mt - x(t)\right) = 0.$$
Wir haben es hier also mit einem „gerechten Spiel" zwischen der Versicherungsgesellschaft und der Gesamtheit der Versicherungsnehmer zu tun.

Auch wenn wir von den Unkosten der Versicherungsgesellschaft gänzlich absehen, ist es aber für die Versicherungsgesellschaft aus Sicherheitsgründen notwendig, mit einem gewissen Zuschlag zur Nettorisikoprämie zu rechnen. Wir wollen demnach annehmen, daß die Gesellschaft für jedes Zeitelement dt die *belastete Risikoprämie* b dt empfängt, wo also b > m sein muß. Wenn weiter die Gesellschaft zur Zeit t = 0 das Anfangsvermögen a > 0 besitzt, so wird das zur Zeit t vorhandene Vermögen offenbar gleich
$$a + bt - x(t).$$
Was ist nun die Wahrscheinlichkeit, daß dieses Vermögen für irgend ein t > 0 negativ wird, und die Gesellschaft somit ruiniert wird? Dies ist das sogenannte *Ruinproblem* der Risikotheorie, das als eine Weiterentwicklung der klassischen Ruinprobleme in der Theorie der Glücksspiele angesehen werden kann.

Es handelt sich also hier darum, die Wahrscheinlichkeit
$$P\left(x(t) > a + bt \text{ für wenigstens ein } t > 0\right)$$
zu berechnen, d. h. eine Wahrscheinlichkeit von genau derselben Form, die

wir oben für den Wiener-Prozeß betrachtet haben. Beim Wiener-Prozeß war es möglich, für jene Wahrscheinlichkeit einen einfachen geschlossenen Ausdruck zu geben. In dem Fall, der uns jetzt beschäftigt, ist dies zwar im allgemeinen nicht möglich, man kann aber zeigen, daß die gesuchte Wahrscheinlichkeit eine gewisse Integralgleichung vom Wiener-Hopfschen Typus befriedigt. Mit Hilfe dieser Gleichung kann man dann wenigstens einen angenäherten Ausdruck für die gesuchte Wahrscheinlichkeit ableiten, und zwar erhält man auf diesem Weg einen Näherungsausdruck von ähnlicher Bauart wie der für den Wiener-Prozeß geltende exakte Ausdruck. Die Fragestellung kann auch in dem Sinne abgeändert werden, daß man die Wahrscheinlichkeit dafür sucht, daß die Gesellschaft *in einem vorgegebenen Zeitintervall* $0 < t < T$ ruiniert wird. Auch in diesem Falle stößt man auf Integralgleichungen vom Wiener-Hopfchen Typus und kann mit deren Hilfe gewisse Näherungsausdrücke ableiten, aber die bisher bekannten Resultate sind weniger definitiv als bei dem ersten Problem, das dem Grenzfall $T = \infty$ entspricht.

Es sei schließlich bemerkt, daß der Poisson-Prozeß sich noch weiter verallgemeinern läßt, indem man zuläßt, daß die Beträge y der Sprünge der Funktion x(t) sich gewissermaßen um den Wert Null anhäufen können. Die Funktion F(y) hört dann auf, eine Verteilungsfunktion in gewöhnlichem Sinne zu sein, und die verschiedenen Formeln werden dementsprechend komplizierter. Der in diesem Sinne verallgemeinerte Poisson-Prozeß hat in systematischer Hinsicht große Bedeutung. Es gilt nämlich unter gewissen Stetigkeitsvoraussetzungen der Satz, daß der allgemeinste stochastische Prozeß mit unabhängigen Inkrementen als die Summe eines Wiener-Prozesses und eines davon unabhängigen verallgemeinerten Poisson-Prozesses dargestellt werden kann.

Stationäre Prozesse

Wir wollen jetzt eine gänzlich verschiedene Klasse von stochastischen Prozessen betrachten. In verschiedenen Anwendungen treten Prozesse auf, bei denen die Annahme berechtigt erscheint, daß der Zufallsmechanismus, der für das Zustandekommen des Prozesses maßgebend ist, mehr oder weniger *von der Zeit unabhängig* ist. Um dieser Aussage einen ganz präzisen Sinn zu geben, betrachten wir die mit dem Prozeß verbundene stochastische Veränderliche x(t), die den Zustand des Prozesses zur Zeit t angibt. Wenn die postulierte Unabhängigkeit von der Zeit in vollem Umfange gelten soll, muß erstens die Wahrscheinlichkeitsverteilung von x(t) von t unabhängig sein. Insbesondere sind dann Mittelwert und Streuung von x(t) konstant, d. h. von t unabhängig. Aber noch mehr: wenn $t_1, \ldots, t_n$ eine beliebige endliche Folge von Zeitpunkten bezeichnet, so muß die n-dimensionale Verteilung der Veränderlichen $x(t_1), \ldots, x(t_n)$ gegen jede Translation in der Zeit invariant sein. Dies kann auch so ausgedrückt werden, daß die n-dimensionale Verteilung der Veränderlichen $x(t_1 + t), \ldots, x(t_n + t)$ von t unabhängig sein muß. Wenn diese Bedingungen bei jeder Wahl von n und $t_1, \ldots, t_n$ befriedigt ist, so nennen wir den betreffenden stochastischen Prozeß *im strengen Sinne stationär*.

Noch wichtiger für die Mehrzahl der Anwendungen ist aber eine Klasse von Prozessen, die wir als *im weiteren Sinne stationär* bezeichnen werden. Diese Klasse definieren wir so, daß wir nur verlangen, daß *die Momente erster und zweiter Ordnung* des Prozesses die gehörige Zeintinvarianz zeigen. Indem wir x(t) als eine komplexwertige stochastische Veränderliche auffassen, verlangen wir also, daß die Mittelwerte $Ex(t)$ und $E\left(x(t)\,\overline{x}(u)\right)$ gegen eine Translation in der Zeit invariant seien. Wenn wir über eine additive Konstante zweckmäßig verfügen, bekommen wir also die folgenden beiden Bedingungen, die für einen im weiteren Sinne stationären Prozeß kennzeichnend sind:

$$E\,x(t) = 0$$

und

$$E\left(x(t)\,\overline{x(u)}\right) = r(t-u),$$

wobei r(t—u) eine nur von der „Zeitdifferenz" t—u abhängige Funktion ist, die wir als die *Kovarianzfunktion* des Prozesses bezeichnen.

Im Folgenden werden wir uns ausschließlich mit im weiteren Sinne stationären Prozessen beschäftigen, und wollen der Kürze wegen diese schlechthin als stationäre Prozesse bezeichnen. Übrigens sieht man leicht ein, daß sich die beiden Begriffe der Stationarität in dem speziellen Falle decken, wo alle mehrdimensionalen Verteilungen der $x(t_1), \ldots$ normal sind.

Wir wollen uns im Folgenden durchgehends auf den Fall beschränken, wo der Zustand des Prozesses nur für ganzzahlige Werte der Zeit t beobachtet wird. Wie wir oben gesehen haben, nimmt dann der Prozeß die Form einer statistischen Zeitreihe an. Wir betrachten also eine beiderseits unendliche Folge von komplexwertigen stochastischen Veränderlichen x_n, wo n = 0, ± 1, ..., und die beiden Stationaritätsbedingungen

$$E\,x_n = 0,$$

erfüllt sind.
$$E\left(x_m \overline{x_n}\right) = r_{m-n}\,,$$

Die Folge der *Kovarianzkoeffizienten* r_n ist dann in dem Sinne nichtnegativ definit, daß für beliebige komplexe Konstanten c_m

$$\sum_{m,n} c_m \overline{c_n}\, r_{m-n} = E\left|\sum_m c_m x_m\right|^2 \geq 0$$

gilt, wobei m und n voneinander unabhängig eine beliebige Folge ganzer Zahlen durchlaufen. Hieraus läßt sich nun schließen, daß man für r_n eine *Spektraldarstellung*

$$r_n = \int_0^{2\pi} e^{in\lambda}\, dF(\lambda)\,,$$

hat, wo $F(\lambda)$ eine im Intervall $0 \leq \lambda \leq 2\pi$ gegebene, reelle, nirgends abnehmende und beschränkte Funktion ist, die wir als die *Spektralfunktion* des Prozesses bezeichnen.

Für die stochastische Veränderliche x_n selbst gibt es eine entsprechende Spektraldarstellung von der Form

$$x_n = \int_0^{2\pi} e^{in\lambda}\, dz(\lambda)\,.$$

Hier ist $z(\lambda)$ ein stochastischer Prozeß, dessen Inkremente $\triangle z(\lambda)$ zwar im Allgemeinen nicht unabhängig, aber doch wenigstens unkorreliert sind, und wir haben in leicht verständlicher Bezeichnung

$$E\,\triangle z(\lambda) = 0\,,$$

$$E\left(\triangle z(\lambda)\,\overline{\triangle z(\mu)}\right) = \begin{cases} \triangle F(\lambda) & \text{für } \lambda = \mu\,, \\ 0 & \text{sonst.} \end{cases}$$

Das Integral im Ausdruck für x_n wird in zweckmäßiger Weise als Grenzwert gewisser Riemannscher Summen definiert.

Stationäre statistische Zeitreihen treten u. a. in physikalischen, meteorologischen und ökonomischen Anwendungen auf. Beispielsweise stößt man in verschiedenen Problemen der ökonomischen Theorie auf sogenannte *autoregressive Zeitreihen* x_n, welche eine stochastische Differenzengleichung von der Form

$$x_n = c_1 x_{n-1} + c_2 x_{n-2} + \ldots + c_p x_{n-p} + \varepsilon_n$$

befriedigen. Die stochastische Veränderliche x_n kann hier z. B. den Preis einer gewissen Ware im Jahr n bezeichnen, und es gilt vor allem zu entscheiden, ob die Differenzengleichung eine stationäre Lösung x_n besitzt, und eine analytische Darstellung dieser Lösung zu finden. Die c_r sind Konstanten, während ε_n eine stochastische Veränderliche ist, welche die Rolle eines Residual- oder Fehlergliedes spielt. Über das Verhalten der ε_n können wir z. B. die folgenden Voraussetzungen machen:

$$E\,\varepsilon_n = 0, \qquad E\left(\varepsilon_m\,\overline{\varepsilon_n}\right) = \sigma^2\,\delta_{mn},$$

wo σ eine Konstante bezeichnet und wie üblich $\delta_{mn} = 1$ für $m = n$ und sonst $\delta_{mn} = 0$ ist.

Unter diesen Voraussetzungen gilt nun folgendes. Damit die gegebene Differenzengleichung eine stationäre Lösung x_n hat, ist notwendig und hinreichend, daß das Polynom

$$\varphi(z) = z^p - c_1 z^{p-1} - \ldots - c_p$$

keine Wurzel mit $|z| = 1$ hat. Es gibt dann eine eindeutig bestimmte Lösung

$$x_n = \int_0^{2\pi} e^{in\lambda}\,dz(\lambda)$$

mit

$$E\left|\Delta z(\lambda)\right|^2 = \Delta F(\lambda),$$

wo die Spektralfunktion $F(\lambda)$ durch den Ausdruck

$$F(\lambda) = \frac{\sigma^2}{2\pi}\int_0^\lambda \frac{d\mu}{\left|\varphi(e^{i\mu})\right|^2}$$

gegeben ist.

Wenn die Wurzeln von $\varphi(z)$ alle im Gebiet $|z| < 1$ liegen, so läßt sich zeigen, daß man für x_n eine Entwicklung der Form

$$x_n = \sum_{r=0}^{\infty} b_r\,\varepsilon_{n-r},$$

hat, wo die b_r konstant, $\Sigma|b_r|^2$ konvergent, und die Reihe für x_n im quadratischen Mittel konvergent ist. Die letztgenannte Art der Konvergenz ist dadurch gekennzeichnet, daß

$$\lim_{N\to\infty} E\left|x_n - \sum_0^N b_r\,\varepsilon_{n-r}\right|^2 = 0$$

gilt. Es ist also hier x_n als laufenden Mittelwert von allen ε_{n-r} mit $r = 0, 1,$

2, ..., d. h. von allen ε der *Vergangenheit* und *Gegenwart* (vom Zeitpunkt n aus gesehen) dargestellt.

Wenn $\varphi(z)$ wenigstens eine Wurzel mit $|z| > 1$ hat, so kann x_n zwar noch als laufender Mittelwert der ε dargestellt werden, aber man muß dann auch die *zukünftigen* ε heranziehen und erhält eine Entwicklung von der Form

$$x_n = \sum_{-\infty}^{\infty} b_r \varepsilon_{n-r} \; .$$

Wenn man voraussetzt, daß ein gewisser stationärer Prozeß eine stochastische Differenzengleichung von der oben angegebenen Form befriedigt, deren Grad p gegeben ist, während die Koeffizienten $c_1, \ldots, c_p$ unbekannt sind, so entsteht das Problem, geeignete Schätzungswerte für diese Koeffizienten mit Hilfe eines vorliegenden statistischen Beobachtungsmaterials zu berechnen. Man hat also eine Reihe von Werten gewisser x_n beobachtet und will dieses Material zur Abschätzung der unbekannten c verwenden. Dieses Problem kann mit den Mitteln der hoch entwickelten *statistischen Schätzungstheorie* angegriffen werden. Ohne auf dieses große Gebiet hier weiter einzugehen, wollen wir nur im Vorbeigehen bemerken, daß gerade hier ein Fall vorliegt, wo das gestellte Schätzungsproblem *nicht eindeutig lösbar* ist, sofern die gestellte Frage nicht etwas weiter präzisiert wird. Um eine eindeutige Lösung zu erhalten, muß man in der Tat eine weitere Voraussetzung hinzufügen, und zwar genügt es z. B. wenn man a priori voraussetzt, daß alle Wurzeln des Polynoms $\varphi(z)$ im Gebiet $|z| < 1$ liegen. Das Schätzungsproblem für die Koeffizienten c kann dann mit der in der mathematischen Statistik geläufigen sog. Maximum Likelihood-Methode behandelt werden.

Um durch ein einfaches Beispiel die Notwendigkeit der angedeuteten Präzisierung der Voraussetzungen aufzuzeigen, betrachten wir den Fall, wo x_n stationär und normal ist, mit dem Mittelwert $Ex_n = 0$ und den Kovarianzkoeffizienten

$$r_{m-n} = E(x_m \bar{x}_n) = \rho^{|m-n|}, \quad \left(0 < \rho < 1\right) .$$

Die Spektralfunktion $F(\lambda)$ dieses Prozesses ist durch die Beziehung

$$F'(\lambda) = \frac{1 - \rho^2}{2\pi (1 + \rho^2 - 2\rho \cos \lambda)}$$

bis auf eine (belanglose) additive Konstante bestimmt. Man kann hier leicht zeigen, daß x_n die *beiden* folgenden Gleichungen befriedigt:

$$x_n = \rho \, x_{n-1} + \varepsilon'_n \sqrt{1 - \rho^2},$$

$$x_n = \frac{1}{\rho} x_{n-1} + \varepsilon''_n \frac{\sqrt{1 - \rho^2}}{\rho},$$

wo die ε'_n sowie die ε''_n je eine Folge von unabhängigen und normalen, normierten stochastischen Veränderlichen sind. Setzt man also eine Gleichung:

$$x_n = c \, x_{n-1} + \sigma \, \varepsilon_n$$

mit unabhängigen, normalen und normierten ε_n an und verlangt, die unbekannten Parameter c und σ abzuschätzen, so ist das Problem für den vorliegenden Prozeß nicht eindeutig lösbar. Die Parameter sind durch statistische Beobachtungen *nicht identifizierbar*. Sobald man aber a priori annimmt, daß die charakteristische Gleichung

$$\varphi(z) = z - c = 0$$

ihre einzige Wurzel c im Innern des Einheitskreises hat, so wird $c = \varrho$ und $\sigma = \sqrt{1 - \varrho^2}$ die einzige mögliche Lösung, die dann mit statistischen Mitteln ohne Schwierigkeit abgeschätzt werden kann. – Derartige Fragen nach der statistischen Identifizierbarkeit gewisser Parameter spielen in verschiedenen Anwendungen eine wichtige Rolle.

Wir wollen schließlich etwas über das *Prognosproblem* für einen stationären stochastischen Prozeß sagen. In den Anwendungen tritt dieses Problem in verschiedenen Varianten auf, die mitunter eine große praktische Bedeutung haben. Wir wollen hier voraussetzen, daß wir eine stationäre Zeitreihe ..., $x_{n-1}, x_n, x_{n+1}, \ldots$ vor uns haben, deren Entwicklung bis zu einem gewissen Zeitpunkt n bekannt ist, welcher der „Gegenwart" entspricht. Es wird verlangt, den unbekannten Wert x_{n+k} zu schätzen, der in dem „künftigen" Zeitpunkt n+k erscheinen wird. Es liegt also hier wieder ein statistisches Schätzungsproblem vor, aber von gänzlich anderer Art als das oben behandelte.

Wir präzisieren die Fragestellung noch weiter dahin, daß wir uns nur mit *linearen Prognosen* beschäftigen wollen. Die Schätzung von x_{n+k} mit Hilfe der als bekannt vorausgesetzten $x_n, x_{n-1}, x_{n-2}, \ldots$ soll also unter Verwendung von ausschließlich *linearen Operationen* durchgeführt werden. Wir müssen nun zuerst den genauen Sinn dieses Ausdrucks erklären.

Als lineare Schätzungswerte kommen selbstverständlich zuerst alle endliche lineare Ausdrücke von der Form

$$L = c_0 x_n + c_1 x_{n-1} + \ldots + c_p x_{n-p}$$

aller möglichen stochastischen Veränderlichen L dieser Form. Wenn eine Folge von Elementen $L_1, L_2, \ldots$ dieser Menge die Eigenschaft hat, daß

$$\lim_{n \to \infty} E|L_n - Z|^2 = 0$$

ist, wo Z eine stochastische Veränderliche bezeichnet, so sagt man, daß die Folge der L_n im (quadratischen) Mittel gegen Z konvergiert. Wir bilden nun die abgeschlossene Hülle der Menge aller L dadurch, daß wir die Grenzwerte aller solchen mittelkonvergenten Folgen hinzunehmen. In dieser Weise erhalten wir eine abgeschlossene lineare Menge, deren Elemente stochastische Veränderliche sind, die alle durch endliche lineare Operationen, beziehungsweise durch Grenzwerte von solchen Operationen, aus den gegebenen $x_n, x_{n-1}, \ldots$ erzeugt sind. Diese abgeschlossene lineare Menge bildet einen *Hilbertschen Raum*, den wir durch H_n bezeichnen. Den skalaren Produkt zweier Elemente y und z von H_n definieren wir dann durch den Ausdruck

$$(y, z) = E\left(y \overline{z}\right)$$

während der Norm von y durch

$$\|y\| = \sqrt{E|y|^2}$$

gegeben ist.

Das oben besprochene lineare Prognosproblem fassen wir nun in dem Sinne auf, daß wir *als mögliche Näherungswerte für x_{n+k} alle Elemente der Menge H_n zulassen*. Wir suchen also ein Element z von H_n so zu bestimmen, daß die Distanz

$$\sigma_k = \sqrt{E|x_{n+k} - z|^2}$$

so klein als möglich wird. Aus den einfachsten Sätzen der Geometrie des Hilbertschen Raumes folgt nun, daß es ein eindeutig bestimmtes Element z mit dieser Eigenschaft gibt. Aus den stationären Eigenschaften der gegebenen Reihe der x_n folgt weiter, daß der entsprechende Minimiwert der Distanz σ_k von n unabhängig ist, so daß unsere Bezeichnung dieser Größe durch σ_k gerechtfertigt ist. Wir nennen σ_k den *Prognosenfehler* für ein Intervall von k Zeiteinheiten. Man sieht leicht, daß man immer

$$0 \leq \sigma_1 \leq \sigma_2 \leq \cdots \leq \sigma$$

hat, wo

$$\sigma^2 = r_0 = E|x_p|^2$$

für beliebiges p gilt.

Eine nähere Untersuchung zeigt, daß hier nur die folgenden drei einander ausschließenden Fälle möglich sind:

1. Man hat $\sigma_k = 0$ für jedes $k = 1, 2, \ldots$. In diesem Fall ist also eine exakte Prognose für jeden beliebig weit entfernten künftigen Zeitpunkt möglich. Eine Zeitreihe x_n mit dieser Eigenschaft nennen wir *rein deterministisch*.

2. Man hat $\sigma_k > 0$ für jedes $k = 1, 2, \ldots$, und weiter $\lim_{k\to\infty} \sigma_k = \sigma$. In diesem Fall ist also jede Prognose mit einem positiven Fehler behaftet, und bei der Prognose über ein großes Zeitintervall k wird die bestmögliche Vorhersagung fast ebenso schlecht, als ob man einfach den Wert Null als Prognose für x_{n+k} benutzen wollte. Eine Zeitreihe x_n mit dieser Eigenschaft können wir als *rein undeterministisch* bezeichnen.

3. Man hat $\sigma_k > 0$ für jedes k, aber $\lim_{k\to\infty} \sigma_k < \sigma$. Diesen Fall wollen wir einfach als den *gemischten* Fall bezeichnen.

Aus den Untersuchungen über das obige Prognosenproblem, die man vor allem Kolmogoroff und Wiener verdankt, geht nun das interessante und bedeutsame Resultat hervor, daß diese drei verschiedene Fälle rein *spektral charakterisiert* werden können.

Wir bemerken zuerst, daß die Spektralfunktion $F(\lambda)$ des x_n-Prozesses, wie wir oben gesehen haben, immer reell, nirgends abnehmend und beschränkt ist. Nach bekannten Sätzen besitzt also $F(\lambda)$ fast überall eine nichtnegative Ableitung $F'(\lambda)$. Nur in dem Fall, wo $F(\lambda)$ absolut stetig ist, und also keine unstetige oder singuläre Komponente enthält, ist aber $F(\lambda)$ mit dem Integral von $F'(\lambda)$ identisch. Die oben genannten drei Fälle können nun in folgender Weise durch die Eigenschaften der Spektralfunktion charakterisiert werden:

1. Für den *rein deterministischen* Fall ist notwendig und hinreichend, daß
$$\int_0^{2\pi} \log F'(\lambda)\, d\lambda = -\infty.$$

2. Für den *rein undeterministischen* Fall ist notwendig und hinreichend, daß
 a) $F(\lambda)$ absolut stetig ist, und
 b) $\int_0^{2\pi} \log F'(\lambda)\, d\lambda > -\infty.$

3. Für den *gemischten* Fall ist notwendig und hinreichend, daß
 a) $F(\lambda)$ nicht absolut stetig ist, und
 b) $\int_0^{2\pi} \log F'(\lambda)\, d\lambda > -\infty.$

Wir geben zuletzt einige einfache Beispiele rein deterministischer und rein undeterministischer Prozesse. Wenn F(λ) die Eigenschaft hat, daß die Ableitung F'(λ) auf eine Menge von positivem Lebesgueschen Maß verschwindet, so ist auf dieser Menge log F'(λ) = −∞, und somit liegt der Fall eines rein deterministischen Prozesses vor. Diese Bedingung ist z. B. immer dann erfüllt, wenn F(λ) überhaupt keine absolut stetige Komponente enthält. Auch in dem Fall, wo F(λ) absolut stetig ist, mit

$$F'(\lambda) = \begin{cases} \frac{1}{\pi}, & |\lambda-\pi| \geq \frac{\pi}{2} \\ 0, & |\lambda-\pi| < \frac{\pi}{2} \end{cases}$$

und man also die Kovarianzkoeffizienten

$$r_n = \frac{\operatorname{Sin} \frac{1}{2} n \pi}{\frac{1}{2} n \pi}$$

hat, ist offenbar F'(λ) = 0 auf eine Menge von positivem Maß, und der Prozeß ist also rein deterministisch.

Um endlich auch ein Beispiel eines rein undeterministischen Prozesses zu geben, betrachten wir den Fall, wo F(λ) absolut stetig ist, mit

$$F'(\lambda) = \sum_{=-\infty}^{\infty} \frac{\beta}{\pi \, (\beta^2+(\lambda+2j\pi)^2)} \; .$$

Für die Kovarianzkoeffizienten hat man hier

$$r_n = e^{-\beta|n|} \; .$$

Man sieht leicht, daß in diesem Falle das Integral ∫ log F'(λ) dλ einen endlichen Wert hat, so daß hier ein rein undeterministischer Prozeß vorliegt.

Summary

The fundamental notions of mathematical probability theory are briefly introduced. The author then discusses various problems concerning stochastic processes and random functions. Among the special classes of processes considered are the Wiener and the Poisson processes with their various generalizations, and finally the stationary processes. Various applications of these classes of processes are also discussed.

Résumé

Les notions fondamentales de la théorie mathématique des probabilités sont brèvement introduites. L'auteur procède à une discussion de divers problèmes concernant les processus stochastiques et les fonctions aléatoires. Parmi les classes particulières de processus discutées par l'auteur sont les processus de Wiener et de Poisson, et finalement les processus stationnaires. Diverses applications de ces processus sont aussi mentionnées.

GPSR Compliance

The European Union's (EU) General Product Safety Regulation (GPSR) is a set of rules that requires consumer products to be safe and our obligations to ensure this

If you have any concerns about our products, you can contact us on

ProductSafety@springernature.com

In case Publisher is established outside the EU, the EU authorized representative is:

Springer Nature Customer Service Center GmbH
Europaplatz 3
69115 Heidelberg, Germany